CHAOJI TANXIANJIA XUNLIANYING

超级探险家训练营

训练营

穿越河流

CHUANYUE HELIU

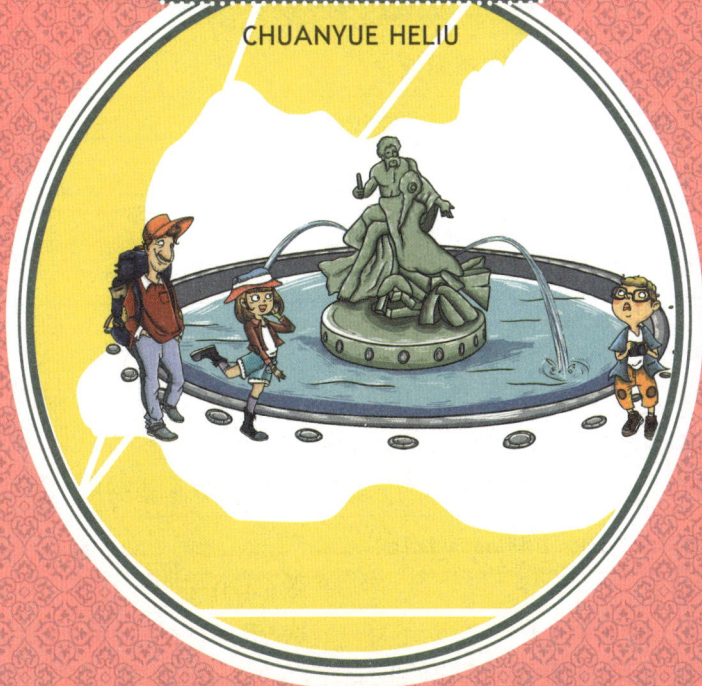

知识达人 编著

成都地图出版社

图书在版编目（CIP）数据

穿越河流 / 知识达人编著 . 一成都：成都地图出版社，2016.8（2022.5 重印）
（超级探险家训练营）
ISBN 978-7-5557-0449-2

Ⅰ.①穿… Ⅱ.①知… Ⅲ.①河流－普及读物 Ⅳ.① P941.77-49

中国版本图书馆 CIP 数据核字 (2016) 第 210612 号

超级探险家训练营——穿越河流

责任编辑： 陈　红
封面设计： 纸上魔方

出版发行： 成都地图出版社
地　　址： 成都市龙泉驿区建设路 2 号
邮政编码： 610100
电　　话： 028－84884826（营销部）
传　　真： 028－84884820

印　　刷： 三河市人民印务有限公司
（如发现印装质量问题，影响阅读，请与印刷厂商联系调换）

开　　本： 710mm×1000mm　1/16		
印　　张： 8	**字　　数：** 160 千字	
版　　次： 2016 年 8 月第 1 版	**印　　次：** 2022 年 5 月第 5 次印刷	
书　　号： ISBN 978-7-5557-0449-2		
定　　价： 38.00 元		

　　为什么在沼泽地中沿着树木生长的高地走就是安全的呢？"小老树"长什么样子？地球上最冷的地方在哪里？北极的生物为什么是千奇百怪的？……

　　想知道这些答案吗？那就到《超级探险家训练营》中去寻找吧。本套丛书漫画新颖，语言精练，故事生动且惊险，让小读者在掌握丰富科学知识的同时，也培养了小读者在面对困难和逆境时的勇气和智慧。

　　为了揭开丛林、河流、峡谷、沼泽、极地、火山、高原、丘陵、悬崖、雪山等的神秘面纱，活泼、爱冒险的叮叮和文静可爱的安妮跟随探险家布莱克大叔开始了奇妙的旅行，他们会遭遇什么样的困难，又是如何应对的呢？让我们跟随他们的脚步，一起去探险吧！

主人翁

布莱克大叔（40岁）：地理学家、探险家，深受孩子们喜爱。

叮叮（10岁小男孩）：活泼好动，勇于冒险，总是有许多奇思妙想，梦想多多。

安妮（9岁小女孩）：文静可爱，做事认真仔细，洞察力较强。

目录

目录

第 一 章

你好，多瑙河

　　布莱克大叔的房间里挂满了摄影作品，记录着世界各地的奇异景观，这不，叮叮和安妮便被其中的一幅深深吸引住了：茂密的丛林如同一层厚厚的绿地毯，高低起伏的山丘棱角分明。最引人注目的便是蜿蜒曲折的大河，仿佛一条银白色的丝带，环绕在风景如画的

1

崇山峻岭之间。

　　"孩子们，你们在看什么呢？这可是我最得意的摄影作品。这次我们便要环游世界，领略各大水系的绝美景色。"布莱克大叔摸了摸安妮的脑袋。

　　"地球上有成千上万条河流，它们分为外流河和内流河，由于源头、地形的不同，它们有着千奇百怪的形状，从而形成很多鬼斧神工的河流景观呢。其中有流经众多国家的多瑙河，有世界上最长的尼罗河，有含沙量最大的黄河，以及流量惊人的亚马孙河，还有人工开凿的京杭大运河，这些著名的河流分布在地球的各个地区，有着自己独特的魅力。"布莱克大叔提起旅行，就有些兴奋。

"河流的水又是从哪里来的呢？"安妮听说有这么多著名的河流，忽然想到了这个问题。

　　"一定是因天上下雨汇集来的水。"叮叮信心满满地解释道。

　　"叮叮答对了一部分，除了天上的降水，储量丰富的地下水和高山融雪也是河流水的重要来源。每条河流都有自己的源头，我刚才提到的很多河流的源头都是山脉，这些水源顺着高山、高原流下来，汇集在一起，形成形态各异的河流，最终便流入大海或者湖泊，形成全球流通的水循环。"布莱克大叔补充道。

"布莱克大叔，那我们出发吧。"孩子们早已迫不及待。

"世界上这么多条河流，我们要先去哪一条呢？"叮叮着急地问。

"哈哈，我们的第一站就定为多瑙河吧。孩子们，准备好行囊出发吧。"

隆隆的飞机轰鸣声中，布莱克大叔一行三人开始了前往多瑙河的旅程，飞机缓缓升起，穿过层层白云，到达多瑙河的上空。

叮叮和安妮迫不及待地将脑袋凑到飞机弦窗旁，旷阔的天空下，一条湛蓝的河流穿过鳞次栉比的城市，流过翠绿欲滴的田野，一眼望不到尽头。

"布莱克大叔，这就是多瑙河吧，真漂亮呀。"两个孩子被多瑙河别致的景观深深吸引住了。

"哇，布莱克大叔，多瑙河真长呀，是不是没有尽头呀？"叮叮感叹于多瑙河的长度，吃惊地问道。

"孩子们，多瑙河是欧洲第二长河，但却是干流流经国家最多的河流。它蜿蜒在欧洲大地上，穿过匈牙利、克罗地亚、奥地利、罗马尼亚等9个国家，长达2850千米，同时也是欧洲各国重要的国际航道。"布莱克大叔耐心地告诉孩子们。

就这样领略了多瑙河流域风光，三人的目的地也就要到了。飞机低空飞行着，多瑙河的景观愈发清晰，孩子们更加仔

细地观察起这条著名的河流。

"咦，为什么远远望去多瑙河是蓝宝石色的，靠近一看却是绿宝石的颜色呢？"安妮眨着大眼睛，满怀疑惑地望着布莱克大叔。

"哈哈，安妮真是个细心的孩子。其实多瑙河的河水颜色一年四季都发生着变化，有时是深绿色的，有时是铁青色的，有时是草绿色的，甚至可以是棕色的。在一年四季里，多瑙河的河水呈现8种不同的颜色。而颜色的变化和多瑙河的水深、伏流、酸碱度等因素都有关系，由于地形复杂使得多瑙河的水量分布不均，再加上河域存在着大量的地下伏流，因此河水中含有来自地下的各种物质，一系列的化学反应改变了多瑙河的酸碱度，再加上大气中光线的折射效应，让多瑙河能够像变色龙般地变换颜色。"布莱克大叔微笑着解释道。

说话间，飞机已经安全着陆，叮叮和安妮拉着布莱克大叔迫不及待地冲出了机场。

沿洋溢着欧式风情的小镇前行，首先来到了多瑙河的腹地——林茨。作为一座多瑙河流域中的古城，林茨有着悠久的

工业传统和厚重的古典音乐氛围，三人坐上黄色的微型观景列车，经过中心广场神圣的大理石雕塑、装饰奢华的大教堂，向美丽的多瑙河流域前行。

远远望去，宽阔的多瑙河尽收眼底，运送货物的货轮来往穿梭，展示着河道贸易的繁忙。

看到叮叮和安妮对这种小船充满兴趣，布莱克大叔带着孩子们坐上了其中的一艘。伴随着马达的轰鸣，小船的速度越来越快，仿佛在水面上飞翔起来，叮叮和安妮兴奋得大喊大叫。

"孩子们，这种小船叫作'水翼船'，因为船底的支架上安装了水翼，当船的速度达到一定值时，水翼的浮力能够让船身离开水面，当船身离开水面时，小船前行时受到的阻力便会

减少，航行速度便会更快，从而实现在水面滑行的效果。"坐着速度飞快的水翼船，布莱克大叔还不忘为孩子们讲解知识。

坐着水翼船前行，前方是一座繁华忙碌的城市，这是哪里呢？让我们跟随布莱克大叔一行人前去一看究竟吧。

第 二 章

邂逅音乐之都

　　布莱克大叔带着孩子们上岸了，原来这是一座被多瑙河环绕的城市，随处可见植被茂密的公园、葡萄园，长长的鹅卵石街道纵横交错，哥特式、罗马式的建筑随处可见，古色古香的

建筑向每一位来客展示着悠久的文化底蕴。这座安静的欧式小镇不仅有着厚重的人文景观，更有如画的自然风景。小镇的北部是一望无际的草地，波光粼粼的多瑙河河水流过拥挤繁闹的城镇，绕着碧绿色的草场流淌，如同仙境一般。

看到风景雅致的城市，叮叮和安妮简直是目不暇接，这是哪里呢？布莱克大叔主动担当起孩子们的导游："这里便是大名鼎鼎的维也纳，也被称为'多瑙河的女神'。"布莱克大叔简单地介绍道。

"你们快看，前面的公园里有很多雕像，真有趣。"叮叮仿佛发现新大陆般招呼着布莱克大叔和安妮，公园里不仅有形

态各异的铜像和大理石像，草坪上更有巨大的音乐符号作为装饰，三个人仿佛置身于一个音乐世界。

"你们听，这是什么声音？"安妮歪着脑袋，安静地聆听着，原来维也纳的居民正在公园里举行露天音乐会，悠扬的乐声伴随着芬芳的花香，让人心旷神怡，乐声在整个公园中久久回荡，真是名副其实的"音乐之都"。

"你们知道这是什么乐曲吗？"布莱克大叔望着兴奋的孩子们，叮叮和安妮面面相觑，纷纷摇着脑袋。

"这首乐曲就是著名的《蓝色多瑙河》，它的作者小约翰·施特劳斯是著名作曲家、指挥家以及小提琴家，一生创作了包括《蓝色多瑙河》《春之声》《艺术家的生涯》在内的120余首圆舞曲，被盛赞为'圆舞曲之王'。作为著名的音乐之都，很多伟大的音乐家在此聚集，维也纳的音乐因此源远流长，不仅公园里有很多诸如海顿、舒伯特、贝多芬等大师的雕像，就连它的街道、礼堂都是以音乐家的名字命名的。"在传送悠扬旋律的晚风中，布莱克大叔娓娓诉说着维也纳的音乐传奇。

　　"布莱克大叔，你说多瑙河的水是深绿、铁青、草

绿等颜色，为什么音乐家说多瑙河是蓝色的呢？"安妮想到之前布莱克大叔讲解过的知识，不禁对多瑙河是什么颜色这个问题感到疑惑。

"艺术家喜欢将多瑙河比喻成蓝色，小约翰·施特劳斯正是受到诗人贝克的影响，从而将多瑙河比喻成蓝色，在艺术家眼里，蓝色是最纯洁的颜色，无论是诗歌还是乐曲，多瑙河都广泛地幻化为蓝色。目前，《蓝色多瑙河》被誉为'奥地利第二国歌'，成为誉满全球的圆舞曲之一。"布莱克大叔微笑着解释道。

"小约翰·施特劳斯一定是个很厉害的人,能够创作出这么著名的乐曲。"喜欢音乐的安妮对小约翰·施特劳斯满是钦佩。

　　看到两个孩子对小约翰·施特劳斯这么感兴趣,布莱克大叔讲了其创作乐曲的小故事。

　　"有一次,从外归来的小约翰·施特劳斯换下了一件脏衬衣,细心的妻子发现衬衣上写满密密麻麻的五线谱,知道这是丈夫灵感迸发时记录下来的,于是将衬衣放在了一边。结果脏衬衣和其他脏衣服被洗衣妇拿去清洗了,心急如焚的妻子赶忙四处寻找洗衣妇的住所,赶在洗衣妇将衣服清洗之前及时阻止了她,抢救下了脏衬衣上宝贵的五线谱,这便是小约翰·施特劳斯的蓝色多瑙河圆舞曲。"

"多亏了他的妻子，不然就没有这首好听的乐曲啦。"叮叮听了衬衣上的乐谱这个故事，手心捏了一把汗。

　　聆听完公园悠扬的乐曲，布莱克大叔带着叮叮和安妮去参观维也纳的夜色。灯火通明的主干道两旁，雄伟建筑上的装饰显得格外华美，巨大的圆形喷泉喷涌着欢快的水花，快乐的维也纳居民吹奏着各种乐器，聚集在城市的大街小巷。

　　"孩子们，快看那里。"布莱克大叔指着远处一座宏伟的建筑兴奋地说道。顺着布莱克大叔的指引，叮叮和安妮看到了一座金碧辉煌的宫殿，耀眼的灯光下，整个建筑发出金灿灿的光芒，仿佛是童话里国王的王宫。

　　"布莱克大叔，这座宫殿真漂亮呀，里面一定住着富有的国王吧。"安妮望着装修奢华的建筑，猜测道。

"哈哈，安妮，这里可不是国王的宫殿，这座金灿灿的建筑便是维也纳大名鼎鼎的'维也纳金色大厅'，一年一度的维也纳新年音乐会就在这里举行。它是维也纳最古老，也是最现代化的音乐厅，有着浓郁的意大利文艺复兴风格，建筑顶端装饰着音乐女神的雕像，洋溢着浓厚的音乐气息。"布莱克大叔耐心地讲解道。

游览了多瑙河的自然风光，观赏了维也纳繁华的都市夜景，孩子们有些累了，布莱克大叔和孩子们前往附近的酒店休整，期待着更加有趣的旅程。

圆舞曲

圆舞曲（Waltz），又音译为"华尔兹"，是一种适合于普通大众的通俗音乐，原来只是广泛流传的民间舞曲。它起源于奥地利，17、18世纪开始用于社交舞会，19世纪开始流行于一些欧洲国家。现在用于舞会的大多出自维也纳的圆舞曲，有快步和慢步之分。其特点是：每一小节常常是一个和弦，重音在第一拍上，有明显的节奏感，旋律流畅。舞蹈时两个人一起随着舞曲的节奏旋转，一般采用三拍或四拍。著名音乐家小约翰·施特劳斯的《蓝色多瑙河》就是圆舞曲的杰出代表。

第三章

探访神秘的泽国

　　"叮叮，安妮，出发啦。"太阳刚刚升起，洗漱完毕的布莱克大叔便来到孩子们的房间，叮叮和安妮还在呼呼地睡着。

　　"啊……啊……布莱克大叔，这么早，我们……去哪呀？"安妮睡眼朦胧地望着布莱克大叔。

　　"哈哈，我们今天要去一个鸟兽成群的地方，那里有着广袤的芦苇丛，有美丽的鸟儿在嬉戏；那里有着清澈见底的河流小溪，成群结队的鱼儿穿行其中。我们还可以在那里体验惊险刺激的冒险。"布莱克大叔故意提高了嗓门。

"布莱克大叔，我们要去哪里呀？是热带雨林吗？会不会有野人呀？"一说到探险，叮叮马上来了精神。

　　"去了就知道了。"布莱克大叔说着开始准备行囊，平时的休闲装换成了野外迷彩服，伸缩式鱼竿、便携式帐篷、荧光棒、指北针等野外装备一应俱全。叮叮和安妮兴奋极了，难道真要去野外探险？

　　准备就绪的三人来到多瑙河旁，坐上了速度飞快的水翼船，望着河畔风格多样的建筑，孩子们充满了对目的地的好奇。从多瑙河主河道进入支流，水面上没有了繁忙的船只，随着小船的前行，河畔的风景从井然有序

的建筑变成了一望无际的丛林。

　　"我们现在沿着多瑙河的支流前行，多瑙河并不是只有一条主河道，这样的河流往往河网密布，有着数百条大大小小的支流，诸如特劳恩河、恩斯河等都是多瑙河的支流，它们共同组成了多瑙河错综复杂的水流体系。根据相关资料统计，多瑙河一共有300多条支流，20千米以上的支流便有190多条，能够通航的便有34条，因此多瑙河为当地的河流运输作出了重要贡献。"坐着水翼船继续前行，布莱克大叔为孩子们讲解道。

　　"你们快看，前面有座小岛，好漂亮呀。"坐在船头的叮

叮大呼起来，在距离船头不远的地方果然有一片沙滩，远远地便看到上面绿油油的一片，周围不时盘旋着觅食的鸟儿，安妮目不转睛地盯着这些美丽的精灵。

"哈哈，看来我们到了，前面便是多瑙河三角洲。"布莱克大叔一边说着一边拉着孩子们上了小岛。

"咦，这不就是沙滩吗，怎么叫三角洲呀？"喜欢思考的安妮眨着眼睛，望着布莱克大叔。

"三角洲又叫河口冲积平原，常见于河流的入海口附近。你们看，多瑙河在汇入黑海的过程中，形成了欧洲面积最大

的三角洲，同时这里也是目前最完整最原始的三角洲。这里不仅有湖泊、沼泽、湿地等奇特地貌，更生存着数量惊人的鸟类和鱼类，是多瑙河流域极为重要的生物宝库。"听完布莱克大叔的介绍，孩子们像脱缰的野马般冲向了沙滩，堆起了各式各样的沙雕，布莱克大叔便躺在一边晒太阳。

　　过了不一会儿，两个孩子便来到在布莱克大叔身边。

　　"布莱克大叔，我们肚子饿了，这附近有饭店吗？"叮叮可怜巴巴地望着尽情享受日光浴的布莱克大叔。

　　"孩子们，我们自己动手烹制一顿丰盛的午餐怎么样？叮叮拿着鱼竿和我钓鱼去，安妮就在附近捡一些树枝。"孩子们

觉得很有意思，分头行动了起来。

布莱克大叔带着叮叮来到了多瑙河边，简单地为叮叮示范了抛竿、收线等动作，叮叮兴奋地接过鱼竿。不过，用什么作鱼饵呢？

"布莱克大叔，你是不是忘记带鱼饵啦？"叮叮看着鱼钩，疑惑地询问布莱克大叔。

"叮叮，你看看这些是什么。"布莱克大叔拿起准备好的铲子在潮湿松软的泥土里挖了挖，一条条蠕动着身体的虫子冒了出来。

"这是……蚯蚓吧？"叮叮兴奋地叫喊道。

"是的，蚯蚓是很好的鱼饵，只要将切成小段的蚯蚓穿在

鱼钩上，将鱼钩甩到水里，眼睛盯着水面上的浮漂，当浮漂出现下沉的迹象时，猛地拉鱼线便能将咬钩的鱼儿拉上河岸……"没等布莱克大叔讲解完，叮叮便迫不及待地尝试起来。

　　不一会儿，小小的浮漂便上下移动，兴奋的叮叮赶忙向上拉鱼线，一条白花花的大鱼被拉了上来，这条被钓上来的鱼肚子全白、身上有着零星黑色斑点。

　　"哈哈，叮叮真棒，这是一条鲈鱼。鲈鱼是多瑙河比较常见的经济鱼类，主要分白鲈和黑鲈两种，你钓上来的鱼属于白鲈，白鲈全身都是白色的，两侧有着零星的黑色斑点；黑鲈腹部是灰

白色的，背部则是铜色或者棕色的，并有着不太明显的黑色斑点。"布莱克大叔帮着叮叮取下鲈鱼，叮叮兴奋得手舞足蹈。

这条两斤左右的鲈鱼足够做一锅美味的鱼汤啦，叮叮早就饥肠辘辘了。正当布莱克大叔和叮叮高兴之际，远处隐约传来安妮的叫喊声，难道安妮遇到了危险？我们一起去看看吧。

第四章

快点救救安妮

"救命呀，救命呀……"

确实是安妮的声音，布莱克大叔和叮叮飞快地循着声音跑了过去，最先跑到芦苇丛的叮叮透过茂密的芦苇丛，看到安妮在其中拼命挣扎。

"安妮，快抓住鱼竿。快！"叮叮赶忙将手中的鱼竿伸了

过去，慌乱中的安妮紧紧抓住鱼竿的一头。叮叮拼命地向岸边拖拽，自己也险些扑到芦苇丛中，但安妮却纹丝不动。在这危急时刻，布莱克大叔紧紧抱住了叮叮，两个人齐心协力将安妮拉到了岸上。

上了岸的安妮不住地哭泣，缓缓道出了事情的原委。原来安妮四处寻找着可供燃烧的树枝，不知不觉地来到了风光秀美的芦苇丛，清澈的湖面上开满了美丽的花，安妮想要上前采摘一朵，结果稀里糊涂地陷了进去。

"这里是浮岛。整个多瑙河流域大约有1000平方千米的浮岛，每当河流爆发凶猛的洪水，飞禽走兽便

在这些浮岛上避难，摇摆变幻的浮岛也在时刻改变着多瑙河三角洲的面貌。目前很多国家开始采用浮岛的原理制作'人工浮岛'，从而达到净化水源、改善景观、创造空间等多项作用，在水位波动较大的水库，浮岛能够达到消波的作用；在需要恢复岸边水生植物带的湖泊，人工浮岛为生物创造了更大的生息空间。"布莱克大叔全面地讲解着浮岛的作用。

看着安妮的情绪逐渐缓和，布莱克大叔开始为孩子们准备美味的鱼汤。他首先将收集来的树枝堆积在一起，再拿出准备好的放大镜。

"布莱克大叔，你拿放大镜是不是要观察蚂蚁呀？"一旁的叮叮好奇地问道。

"哈哈，叮叮，我是要生火煮饭！"

"生火？"叮叮和安妮有点摸不着头脑，"放大镜怎么生火？"

只见弯下腰的布莱克大叔将放大镜放在柴火的上方，缓缓地移动放大镜，将汇集起来的光圈凝聚在干燥的树枝上，过了几分钟，树枝就发出了"滋滋"的声响，然后竟然冒出了白烟。真是太神奇啦，叮叮和安妮吃惊地睁大了眼睛。

"哈哈，你们知道为什么放大镜可以点燃柴火吗？"布莱克大叔想要考考孩子们，叮叮和安妮都摇摇头，"放大镜是凸透镜，能够使光线汇集在一起，从而产生很高的温度，由于干

燥的树枝比较易燃，因此能够点燃这些树枝。"

"原来是这样，布莱克大叔知道的真多。"孩子们异口同声地感叹道。

就这样，布莱克大叔生起火来，用便携式野炊饭盒，为孩子们煮了一锅香气扑鼻的鲈鱼汤，饥肠辘辘的安妮喝着热气腾腾的鱼汤，情绪逐渐恢复了平静。三个人喝过鱼汤，布莱克大叔带着叮叮和安妮去观赏四周的自然美景。

在清澈见底的湖泊间穿行，岸边满是参天的大树，树荫下掉满了小小的坚果；成片成片的芦苇异常茂盛，雪白的花儿在水面上漂浮。

"布莱克大叔，那些美丽的白花是什么花呢？刚才我就是想要去摘一朵白花才掉到水里的。"想起刚刚的惊险遭遇，安妮还是心有余悸。

　　"这种植物叫作睡莲，又叫子午莲。睡莲是花卉中较为名贵的，外观有点类似荷花，用途非常广泛。可以用来制茶、食用，还可以用来制作药品，睡莲在世界很多地方都有种植。对了，睡莲还有个好听的名字——花中睡美人。"

　　"花中睡美人，真好听！"安妮马上想到了童话故事中的睡美人。

"对呀，因为睡莲的叶子和花都漂浮在水面上，白天，睡莲的叶子是舒展开来的；到了晚上，睡莲会卷起叶子，仿佛一位害羞的'睡美人'，这便是它美名的由来。"

傍晚时分，三个人在多瑙河边散步。望着多瑙河潺潺的流水，叮叮脑子里冒出来一个问题：多瑙河是从哪里来的呢？

凸透镜

凸透镜是中间厚，四周较薄的一种透镜，是根据光的折射作用制造的。它有远望、会聚的作用。作用的大小与镜子的厚度紧密相关。凸透镜主要是对光线有会聚作用，所以在太阳光强烈时，不能把凸透镜对着易燃易爆物品，否则会点燃这些易燃易爆物品，引起爆炸，后果不堪设想。凸透镜还有放大作用，根据这个原理被用作光学显微镜的材料。

第 五 章

坐着马车前行

　　"布莱克大叔，潺潺流淌的多瑙河是从哪里来的呢？"安妮说出疑惑已久的问题，对于这个问题，叮叮也是一脸的困惑。

　　"孩子们，今天我们要去一个神秘的地方，那里有你们想要的答案。"布莱克大叔特别强调了"神秘"

两个字，孩子们一下子来了兴致。

布莱克大叔带着孩子们来到多瑙河边。"今天我们还是乘坐速度飞快的水翼船吧？"叮叮望着河边的水翼船，兴奋极了。

"这次可不是水翼船，你们看，它们来了。"听布莱克大叔微笑着提醒，叮叮和安妮忙四处张望，伴随着"啪啪"的皮鞭声，宽阔的马路上缓缓驶过来一辆马车，只见马夫身着色彩斑斓的传统服饰，热情地招呼孩子们上车。

看到稀奇的马车，孩子们充满了好奇，上前仔细地观察。高大的马匹有着灰白色的长鬃毛，大大的眼睛水汪汪的，棕色的身上拴着结实的皮绳，绳子的另一端是一辆装有四个轮子的小篷车，和蔼的马夫大叔高高地坐在小篷车前端，手中拿着一根又长又细的鞭子。

"真是太神奇啦，这里怎么会有马车呢？"看到趣味十足的马车，安妮不敢相信自己的眼睛。

　　"安妮，马的历史和人类的历史紧紧相连，直到19世纪，马车还是这座城市非常重要的工具，不仅能非常方便地四处通行，而且给人们的生活带来了乐趣，人们可以乘坐着出租马车走街串巷、走亲访友。随着人类科技的飞速发展，火车与汽车的出现宣布了马车时代的结束，马车也成为博物馆里的展览品。你们看，为了让游客们重温马车时代的乐趣，很多欧洲城市都有马车游览项目，我们快体验一下吧。"说着，布莱克大叔将叮叮和安妮送到马车大大的后座上，孩子们既有些兴奋又

有些害怕。

"尊敬的客人们，请问你们要去哪里呢？"马夫询问三个人。

"我们要去多瑙河的源头。"叮叮抢先回答道。

"哈哈，小家伙，你知道多瑙河的源头在哪儿吗？"马夫叔叔摸了摸浓密的胡子，哈哈大笑起来。

"这个……"叮叮有些惭愧，求助般望着布莱克大叔，布莱克大叔只是在旁边微笑着。

"那你们就是去多瑙艾辛根啦，那可是个好地方。"马夫大叔理了理鞭子，大声地吆喝着："驾……"听话的马儿"哒哒"地跑了起来，叮叮和安妮忙紧紧扶住了马车的扶手。

马车沿着多瑙河岸前行，坐在华丽的马车里，孩子们一边欣赏着多瑙河的自然风光，一边听布莱克大叔讲着关于多瑙河源头的故事。

　　"公元前7世纪，古希腊人首先发现了多瑙河，并将它命名为"伊斯特尔河"。到了罗马时代，罗马帝国在多瑙河周边建立了很多军事要塞，也就在那时开始了对多瑙河源头的探索。首先是罗马人对多瑙河进行了第一次官方的勘探，从而首次确认了多瑙河的源头位置。"

　　"我知道了。多瑙河的源头便在马夫叔叔提到的多瑙艾辛根，对吗？"叮叮打断了布莱克大叔的故事，抢先回答。

"哈哈，这个问题等到了多瑙艾辛根再告诉你们。"布莱克大叔故意卖起关子来，难道多瑙河的源头还有什么秘密？两个孩子对接下来的旅行充满了好奇。

经过一段时间的跋涉，前方的道路愈发的颠簸起来，两旁的景色也变成了高山密林，路边还不时出现成簇成簇的野花，淡淡的花香弥漫在山间，安妮被山间景色深深地吸引了，不时将脑袋探到马车车篷外。

"布莱克大叔，这是什么地方？真是太美啦。"安妮闻着

满山的花香，兴奋地问。

"哦，你们看那两座山，一座叫作黑林山，一座叫汝拉山，我们要前往的多瑙艾辛根也就位于这两座山的中间。你们看，前面便能看到多瑙艾辛根的建筑了。"布莱克大叔望着远处若隐若现的小镇，兴奋地提醒孩子们。原来在三个人交谈时，不知不觉中，多瑙艾辛根小镇已经近在咫尺。

多瑙艾辛根是什么地方，多瑙河的源头真的在这里吗？我们就跟随三人一同前往吧。

第六章

河流源头的秘密

随着马车继续前行，三个人进入多瑙艾辛根小镇里。这里用石头建造的欧式建筑随处可见，风格迥异的建筑群被保存得很完整；大大小小的美丽花园里种满各种花卉，衣着朴素的居民过着宁静安详的生活，古朴的多瑙艾辛根小镇虽然面积不大，却处处洋溢着浓郁的民族风情。孩子们深感疑惑，这个小镇真是多瑙河的源头？

三个人被马车送到了一座雄伟的教堂前。

"远道而来的客人们，多瑙河的源头到了。"车夫叔叔行了个礼，指着教堂旁边的一个水塘说道。

"这便是多瑙河的源头？"叮叮和安妮不太敢相信，忙拉着布莱克大叔下了马车，只见教堂旁边有个大大的水池，高高的台阶足足有9层，水池更是被大理石柱子紧紧地围在了里面，这里有什么样的秘密呢？

三个人沿着长长的走廊，走下由石块砌成的台阶，水池里

的水清澈见底，底部则是一层厚厚的沙土，池底不时冒出小小的气泡，仿佛池底住着一个顽皮的小精灵，看得孩子们诧异地张开了嘴巴。

"天啊，布莱克大叔，池底的硬币是哪里来的呢？"

"是呀，真是太奇怪了，怎么还有小小的气泡呢？"

叮叮和安妮看着池水，满是疑惑地望着布莱克大叔。布莱克大叔微笑着解释道："这个水池作为多瑙河的源头，现在是著名的旅游景点。当地人首先在池底铺上一层白沙，来自世界各地的游客们许愿后向水池投掷硬币，祈求能实现他们的愿望。至于水中的气泡，是从池底的泉眼冒出来的，圆池的一侧

石壁上有个小孔，泉水可以源源不断地

从孔中流出，仿佛一泓永不枯竭的泉眼。"

　　安妮忽然发现了水池上方雕刻着一座女神像，旁边雕

刻着一个顽皮的婴孩，这是什么意思呢？

　　"布莱克大叔，这个可爱的婴孩是谁呀？是这个女神的孩

子吗？"安妮歪着脑袋望着布莱克大叔。

　　"这座女神像代表着多瑙艾辛根，这个婴孩代表着多瑙

河，寓意多瑙河是在多瑙艾辛根这个地方发源的。孩子们，我

再给你们讲个故事吧。"听布莱克大叔要讲故事，叮叮和安妮

忙凑了过来。

43

"上次讲到罗马人对多瑙河做过勘探，他们到达多瑙艾辛根时又累又渴，就在这里停下来饮水，没想到这里的泉水非常可口，恰逢他们有寻找多瑙河源头的任务，因此索性将这里定为多瑙河的源头。你们看，这块石碑上记录的多瑙河在距此处2840千米入海，但广泛认可的数字是2850千米，因此这里并不是多瑙河地理意义上的源头，只是人们传统认为的多瑙河源头，看来我们的探险还没有结束呢。"布莱克大叔读着石碑上的文字，向孩子们解释道。

2840

“哇，太神奇了。那多瑙河真正的源头在哪里呢？我们怎么才能找到它呢？”叮叮睁大了眼睛，兴奋异常地问道。

“它在那儿，”布莱克大叔指着远处茂密的<u>丛林</u>说，“黑森林里。”<u>丛林</u>黑压压的一片，仿佛掩藏着什么秘密。

“黑森林？为什么叫这个名字，听起来怪怪的。”安妮好奇地望着布莱克大叔。

“孩子们，你们看远处的山峦，茂密的树林如同它黑压压的头发，看上去给人一种压抑感，因此当地人叫这个树林为‘黑森林’。”布莱克大叔解释道。

“啊，那我不去了。黑压压的一片，不知道里面有什么怪

物呢。"安妮看着黑压压的树林，打起了退堂鼓。

"哈哈，我可知道著名的《白雪公主》《灰姑娘》等童话都是发生在这片黑森林里，黑森林里可能真的有七个小矮人哦。"

"什么？白雪公主，还有七个小矮人，我要去。"安妮听说黑森林里有可爱的小矮人，又蹦又跳地跟在布莱克大叔的身后向前面走去了。

黑森林里真的有七个小矮人吗？三人又将经历怎样的神奇冒险呢？让我们跟随他们一同进入黑森林吧。

第七章

美味的黑森林蛋糕

　　三个人在黑森林里徒步穿行，耳边不时传来悦耳的鸟鸣声，抬头望去是遮天蔽日的树木，色彩斑斓的鸟儿站在树枝上，演绎着大自然的生机勃勃。叮叮和安妮置身于繁茂的森林中，仿佛来到了童话世界，一会儿追逐跳跃急驰的野兔，一会儿欣赏草丛中的野花，快活极了。

"布莱克大叔，黑森林里的这些大树真有趣呀，像是一顶大大的三角帽，上面还有很多圆乎乎的小娃娃。"安妮指着小山状的树木，惊叹道。

"安妮，这是黑森林里比较常见的冷杉，属于松科冷杉属中的一种，树枝上圆乎乎的便是冷杉的球果，这些球果成熟后便会脱落，里面的种子到达地面，从而生长出新的冷杉树。冷杉树四季常绿，有着非常强的生命力，能够适应温凉和寒冷的气候，多生长在欧洲、亚洲、中美洲、北美洲以及非洲的高

山地带。"布莱克大叔望着漫山遍野的冷杉林，为孩子们讲解道。

"砰……砰砰……"随着一阵枪响，树林里的鸟儿受到惊吓，四散飞走。布莱克大叔拖着叮叮和安妮朝着枪声方向跑过去，远远望过去，一位穿着猎人服饰的大汉缓缓地向草丛走了过去，草丛中倒着一只野兔。

"天呀，是猎人叔叔。真是太快了。"看到是猎人在打猎，安妮兴奋极了，飞一般地冲了上去。

"猎人叔叔，你在打猎吗？"安妮的脸上充满了崇拜。

"是啊，小家伙，这只野兔便是我的猎物，在广袤的黑森林里住着很多动物，有又蹦又跳的鹿，有神出鬼没的狐狸，还有昼伏夜出的猫头鹰。现在是午餐时间，你们要不要去我家做客呢？"豪爽的猎人叔叔邀请道。

"我们要去寻找多瑙河的源头，不知道时间够不够。"安妮眨着大眼睛，认真地说道。

"哈哈，肯定来得及，多瑙河的源头就在前面，在我的小木屋里吃过午餐，我可以带你们一同前去。小姑娘，我的妻子可会做正宗的黑森林蛋糕，不尝尝真是太可惜啦。"猎人叔叔

风趣地说道。

"哇，黑森林蛋糕一定很好吃，快走吧。"还没等布莱克大叔同意，叮叮和安妮便跟随着猎人叔叔出发了，布莱克大叔只能笑着摇摇头，跟在后面。

为了更好地开发利用黑森林的自然资源，严谨的德国人在森林里设立了清晰的线路指示牌，方便酒馆、旅店为来往游客们提供温馨的服务。穿过林间弯弯曲曲的小径，猎人叔叔提着猎获的野兔，带着三个人来到了一座小木屋前。小木屋的四周是一个巨大的农场，猎人的妻子正在准备着丰盛的午餐，一路奔波的三人早已饥肠辘辘。

　　走进小木屋，孩子们立刻被屋里稀奇古怪的装饰吸引住了，墙上有大大的鹿角，厚厚的龟壳，还有毛茸茸的狐狸皮毛，仿佛向客人们讲述着猎人叔叔打猎的惊险故事。

　　"咕咕……"桌上的木屋形状的时钟忽然响了起来，造型别致的布谷鸟从木钟的小窗弹了出来，叮叮被吓了一跳。

　　"布莱克大叔，这里面有只小鸟，真是太可爱啦。"安妮盯着木钟，期待着可爱的布谷鸟还能出来唱歌。

　　"这是德国黑森林大名鼎鼎的布谷鸟钟，因为能发出'咕咕'的声音，因此也被当地人称为咕咕钟。布谷鸟钟主要分为木屋型和精雕型，早在1730年便出现在了黑森林地区，当地的

钟表制造业也从那时开始慢慢兴盛起来，目前布谷鸟钟已经成为德国的一种标志，深受世界各地游客们的喜爱。"看着桌上制作精美的布谷鸟时钟，布莱克大叔为孩子们讲解了它的历史。

"你们闻，这是什么味道？好香呀。"安妮用力地抽了抽鼻子，一旁的叮叮应和着。

"哈哈，我的妻子正在做黑森林蛋糕，你们可以去参观一下。"猎人叔叔笑呵呵地对孩子们说。听大叔这么说，叮叮立即就拉着安妮蹦蹦跳跳地朝厨房跑去。

"孩子们，蛋糕快做好了，你们稍等一下。"猎人叔叔的妻子正在制作黑森林蛋糕，大大的厨房里摆满了各式各样的配料。有又红又大的红樱桃，也有又香又浓的奶油，看得孩子们口水都要流下来了。

　　"以前，我们黑森林地区种植着很多的樱桃树，每当樱桃丰收的时候，这里的农妇们就将过剩的樱桃制作成果酱或者樱桃汁，用于制作松软美味的蛋糕胚，甚至直接将水灵灵的樱桃夹在蛋糕里，或者点缀在美味的蛋糕周围，这便是美味的黑森林蛋糕的雏形。为了能让食客们联想到美丽的黑森林，现在的

糕点师还会在黑森林蛋糕上抹一层黑黑的巧克力碎屑，这种蛋糕也成为高档酒店菜单上必不可少的美味。"说着，猎人妻子开始为松软的蛋糕胚涂抹巧克力碎屑，安妮和叮叮开始迫不及待地品尝新鲜的樱桃，布莱克大叔则在一旁和蔼地笑着。

一转眼，午餐时间到了，猎人妻子将香气四溢的黑森林蛋糕端了上来。猎人叔叔却不见了身影，他在干吗？我们一起去找吧。

第八章
难挡美食的诱惑

"猎人叔叔，你在哪儿呢？美味的黑森林蛋糕做好了。"叮叮和安妮虽然很想先尝为快，不过还是懂事地寻找着猎人叔叔。想到屋子里棕色的蛋糕沾满了又脆又碎的坚果，巧克力条横七竖八地搭在蛋糕上，就像是黑森林里的一棵棵冷杉树。加

上又大又圆的樱桃，使黑森林蛋糕让人垂涎欲滴。

"来啦，来啦。美味的烤兔肉也做好了。"随着猎人叔叔的大声回答，一盘外焦里嫩的烤兔肉端了上来。原来为了招待远方来的客人，猎人叔叔在院子里架起烧烤架，将成片成片的兔肉放上去，再抹上黑森林里原汁原味的烧烤酱，美味的烤兔肉很快就做好了。

看到冒着渍渍油光的烤兔肉，喜欢肉食的叮叮早已按捺不住，抓起一块烤肉便吃了起来，惹得安妮和布莱克大叔哈哈大笑起来，猎人夫妇也乐得合不拢嘴。

相比油腻腻的兔肉，安妮则更喜欢香甜的黑森林蛋糕，美味的奶油入口即化，一点儿也不比兔肉差。

当然，猎人叔叔招待客人的美食远远不止这些，特制的黑森林火腿、黄澄澄的蜂蜜、咸香鲜美的猪肘，美味依次端了上来，可叮叮和安妮的肚子早就鼓了起来，再也吃不下了。

孩子们吃得有滋有味，布莱克大叔也兴高采烈，因为猎人为他准备了正宗的德国啤酒，喝着味道纯正的德国啤酒，品尝

着美味的黑森林火腿，享受着原汁原味的乡村生活。

"布莱克大叔，啤酒什么味道，我能尝尝吗？"看着布莱克大叔和猎人叔叔大口地喝着清爽的啤酒，叮叮不禁有些好奇地请求。

"哈哈，小孩子是不能喝酒的。"布莱克大叔微笑道，接着为孩子们讲解了德国啤酒的故事："早在1516年，德国便颁布了著名的《德国纯啤酒令》，这个法令一直沿用至今，规定德国的啤酒只能用大麦芽、水和啤酒花三种原料制作，让德国

啤酒在500年的时间内始终保持着传统味道，进而成为了纯正啤酒的代名词。目前德国已经成为产量居世界第二的啤酒生产国家，德国人也是世界上最热爱啤酒的民族。"

"说得没错，我们德国每年都举办啤酒节，让喜爱啤酒的人尽情地畅饮。"猎人叔叔补充道。

"还有专门喝啤酒的节日？"安妮眨了眨大眼睛，惊奇地望着猎人叔叔。

"是的。在啤酒节当天，数量众多的啤酒品牌会为游客们准备9万多个座位，人们在啤酒屋里唱歌、跳舞，或者品尝烤鸡、烤鱼，啤酒屋外有为游客准备的各种大大小小的游乐设施，让世

界各地游客在这里尽情享受我们德国的啤酒文化。"说到德国的啤酒节，猎人叔叔来了精神，滔滔不绝地说道。

　　吃过了丰盛的丛林美味，三人又要准备出发了，猎人的妻子将兔肉、猪肘包裹起来，还为布莱克大叔准备了一罐德国啤酒，让三个人带在身上作为干粮，猎人叔叔还要亲自送他们一程。在茂密的德国黑森林里，三人还将遇到怎样惊险刺激的冒险呢？我们跟随他们一同前往吧。

第九章

意外遭遇暴风雨

在猎人叔叔的带领下，三人向黑森林的深处前行。

"孩子们，我们的目的地就在前方，前面便是多瑙河的源头……"

还没等猎人叔叔说完，叮叮便大呼小叫起来："你们快看，好多好多的蚂蚁呀，它们在做什么？"道路中间密密麻麻爬满了蚂蚁，它们仿佛在沿着长长的道路行军。

　　看到成群结队的蚂蚁，布莱克大叔将猎人叔叔拉到一边，两个人表情凝重地望了望天上的云朵，好像在小声地商量着什么。

　　"叮叮，你知道发生什么事了吗？"看着两位叔叔焦急的神情，安妮不安地望着叮叮，叮叮也是一头雾水，难道哪里出问题了？

　　"布莱克大叔，发生什么事了吗？"孩子们焦急地问道。

　　"待会儿再给你们解释吧，现在我们赶快搭帐篷。"布莱克大叔严肃地命令道，然后和猎人叔叔共同找到一片较为开阔

的空地。猎人叔叔爬上周围的树木开始砍伐容易被大风吹折的树枝，布莱克大叔则从大大的行囊里拿出便携式帐篷，折叠着的帐篷像是一个粽子，打开袋子便看到了帐篷的各个部分，除了内外帐面、一些帐篷撑杆，还有防风绳和地钉等零件。

正当两位叔叔开始搭建帐篷之时，豆大的雨点开始肆虐起来，两个孩子这才意识到暴风雨要来了。但帐篷还未搭建完成，雨点很快变成了雨线，子弹般穿过浓密的树林，孩子们赶忙躲在了附近的大树下，暴风雨越下越大，伴随着震耳欲聋的雷声，孩子们更害怕了，紧紧地抱在一起。

"帐篷搭建好了，孩子们，快到帐篷里来，大树下太危险啦。"搭好帐篷的布莱克大叔大声地喊叫着，叮叮和安妮飞快地冲进了帐篷，小小

的帐篷在风雨中摇曳着，虽然躲在了帐篷里，但四个人早已淋成了落汤鸡。

"孩子们，暴风雨来临时不要躲在大树下避雨，尤其是打雷闪电时，高压电可通过大树导电，很容易让人触电。另外，因为大树往往非常高，这使其遭到雷电攻击的可能性极大，严重的能被雷电劈成两半，落下的树枝会砸伤躲在树下的人，因而危及到我们的生命安全，记住了吧？"看着布莱克大叔严肃的表情，叮叮和安妮忙点了点头。

"对了，布莱克大叔，你是怎么知道暴风雨要来了呢？"叮叮满脸疑惑地问道，一旁的安妮也是百思不得其解。

"哈哈,让我来告诉你们吧,这还都是叮叮的功劳呢。在丛林里,暴风雨到来前夕是有很多预兆的。在大雨来临之际,成群结队的蚂蚁开始搬家,它们往往从地势低的地方搬到地势高的地方;青蛙的叫声会比平时小,频率也更低;可爱的小燕子也会低空飞行,以捕捉低空中的昆虫们。因此,动物的异常反应是大雨最好的警报器。对于我们来说,大雨来临时往往会感觉到更加闷热,天空的云朵也会变得又厚又黑,我和布莱克大叔正是结合蚂蚁的异常反应和云朵的变化,断定即将有一

场大雨到来。"猎人叔叔耐心地为孩子们讲解大雨来临前的预兆。

暴风雨慢慢地停了，太阳很快就出来了，不过身上湿漉漉的衣服怎么办呢？

"我们最好洗个澡吧，雨水里有很多细菌，这些细菌可能侵蚀我们的皮肤，甚至引发丘疹、红斑等皮肤疾病，因此要及时沐浴清洁。"博学多闻的布莱克大叔犯了愁，去哪里洗澡呢？

"正好前面有两条河流，一条叫布列吉河，一条叫布里加赫河，它们在这里交汇，形成了绵延不绝的多瑙河。那里的水

清澈见底，我们可以在那里洗澡。"猎人叔叔介绍道，听说要在河里洗澡，叮叮和安妮显得异常兴奋，因为已经到达了多瑙河的源头，猎人叔叔在此和他们三人告别，沿着小路回去了。

三个人收拾好帐篷，沿着小路继续前行，果然听到了潺潺的流水声。首先他们看到了窄窄的布列吉河，而后便是布里加赫河，作为多瑙河的源头，这里的水清澈见底，时常能够看到游来游去的河鱼。

帐篷

帐篷大多是用帆布做成的、撑在地上供临时居住的棚子，是用来遮蔽风雨或太阳光的。用来支撑帐篷的东西，可随时拆卸下来，携带很方便。帐篷的零件很多，主要部件有内外帐、帐篷撑杆、防风绳、地钉等。到达现场后才加以组装，组装时首先要选择地势比较平的地方，内帐、外帐的门朝同一方向，外帐四角用钉子或其他东西固定在地上，让外帐绷紧。内帐也要固定，不过不要贴着地面，这样下雨的时候内帐不会湿。帐篷因搭建快速、携带方便、居住舒适而被广泛运用，深受旅游爱好者的青睐。

第 十 章

和白鹤一起戏水

　　看到清澈见底的河流，叮叮和安妮早就按捺不住，脱掉外套跳到水中嬉戏起来，布莱克大叔帮孩子们收拾着衣服。

　　"快来，布莱克大叔，这里的水好凉爽呀。"叮叮和安妮尽情地在水中玩耍，不时召唤着布莱克大叔。

"哈哈，你们注意安全，我先把衣服洗一洗，马上就来。"布莱克大叔三下五除二洗好了三个人的衣服，晾在高高的树枝上，也跳到了水中。

叮叮和安妮一会儿游到这边，一会儿游到那边，咦，草丛里藏着什么？

"叮叮，草丛中好像有什么在动。"细心的安妮发现岸边的草丛在晃，赶忙躲在了叮叮的身后。

"在哪里？是不是你眼花了。"叮叮并没有发现草丛有什么异常，正当他要嘲笑安妮胆小的时候，草丛中竟然伸出一个

毛茸茸的小脑袋。

　　"快看，快看，那是什么？像是一只可爱的小鸭子。"叮叮兴奋地大喊大叫起来，马上冲上去要看个究竟，安妮听说是小鸭子，也跟了上去。原来在多瑙河岸边的草丛中有一个草窝，里面竟然有5只可爱的"小鸭子"，它们正对着孩子们"咕咕咕"地叫着，叮叮和安妮兴奋极了，小心翼翼地将"小鸭子"抱到了怀里。

　　"哈哈，小鸭子真是太可爱了，我们抱给布莱克大叔看看吧。"看着毛茸茸的"小鸭子"，安妮恨不得让布莱克大叔马

上看到。

　　此时的布莱克大叔正悠闲地在河边泡脚，孩子们捧着毛茸茸的小家伙来到了布莱克大叔身旁，"布莱克大叔，快看看这是什么。"调皮的叮叮将可爱的"小鸭子"放在布莱克大叔的肚子上，受惊的布莱克大叔差点掉到水中，安妮开心得哈哈大笑。

　　"这好像不是小鸭子，你们是在哪里找到的？"布莱克大叔仔细地端详着这个小家伙，感觉这种动物不像是鸭子，可爱的小家伙身上大部分是雪白色的，尾部是黑漆漆的颜

色，最引人注目的两只脚竟然是粉红色的。看着外表独特的小家伙，博学多闻的布莱克大叔一时也拿不准这是什么鸟类。

他小心翼翼地抱着小家伙，叮叮和安妮赶忙跟着布莱克大叔游到河边，拨开茂密的草丛，一窝咕咕叫的小雏鸟围成一团，小家伙们的妈妈去哪里了？

正当三个人感到茫然的时候，忽然一只大鸟掠着水面飞来，嘴里衔着一条正在挣扎的小鱼。大鸟的体态特征和小雏鸟类似，看到了三位"入侵者"，大鸟急速地拍打着翅膀，发出一阵阵急切的"嗒嗒嗒"的声音，昂起

高高的脖子，左右摇晃着，然后两只红色的细腿急促地走来走去。

　　"布莱克……大叔，它……它……在干什么？"胆小的安妮不知所措，缩在布莱克大叔身后。

　　"孩子们，它是在警告我们，你们退后。"布莱克大叔小声地告诉孩子们，然后迅速将怀里的小雏鸟放到巢穴里，并从背包里拿出一大块面包，掰成碎末撒给小雏

鸟，小雏鸟们摇着小脑袋对着面包屑啄个不停，孩子们也开心地笑了起来。

或许是感觉到三个人没有敌意，大鸟放松了警惕，围着巢穴周围转了一圈，然后悠闲地理着羽毛，像是一位骄傲的公主。

"布莱克大叔，它们是什么鸟类呀？"叮叮满是疑惑地望着外形奇特的大鸟，一旁的安妮也分外好奇。

"哈哈，我刚刚也纳闷，这一定是德国的国鸟——白鹳。我们真是太走运了，这种鸟类现在已经非常稀少了。它在德国乃至全世界都是非常有名的，是一种食肉鸟类，主要吃鱼类、昆虫、小型爬行动物等，它们还被称为"送子鸟"，是一种非常吉祥的鸟类。白鹳步态轻盈而矫健，时常单腿或双腿站立在水草上，多在水面上飞行捕食，每当遇到外来的入侵者，便会

做出刚刚我们看到的愤怒动作。"布莱克大叔望着远处单腿站立在水草上的白鹳，耐心地为孩子们讲解它的故事。

"这么珍贵的鸟儿怎么生活在这里？"安妮眨着大眼睛，好奇地问道。

"安妮真是个爱动脑的孩子。是这样的，因为白鹳对生活环境的要求比较苛刻，一般生活在河流、湖泊、水塘等地方，黑森林地区是多瑙河发源的地方，通过当地政府多年强有力的保护措施，这里的生态环境非常好，被称为'白鹳繁衍生息的世外桃源'。"布莱克大叔表扬了爱思考的安妮，并讲解道。

　　"好啦，孩子们，我们将小家伙交给它的妈妈，继续游泳吧。"布莱克大叔和孩子们将剩下的面包扔到了巢穴旁，继续到多瑙河里嬉戏起来。

　　布莱克叔叔和两个孩子玩得十分开心，不远处水草丛中冒出了很多漂亮的白鹳，有的低空飞行，有的站立休息，和孩子们的距离也越来越近，仿佛要和三个人一起洗澡。

　　欢乐的时光总是过得很快，布莱克大叔和两个孩子不仅顺利地达到了寻找多瑙河源头的目的，更和神秘的白鹳们成为了好朋友。接下来，他们还将经历怎样的冒险呢？我们拭目以待吧。

第十一章
你好，亚马孙河

　　南美洲旷阔的大地上有一条叫亚马孙的大河，是世界上流量最大、流域面积最广的河流。那里不仅保存着生态体系最完整的热带雨林，更生活着数百万种生物，成为世界级的动植物资源宝库，同时也是叮叮等三人冒险的下一站。

离开了美丽的多瑙河，布莱克大叔带着孩子们坐上了前往美洲的飞机，在飞机上，孩子们显得格外兴奋。

"布莱克大叔，亚马孙河和多瑙河有什么不同吗？"叮叮问道。

"哈哈，亚马孙河和多瑙河可是大不一样，无论是气候还是地势都有较大差异。比如，亚马孙河流域是典型的热带雨林气候，而多瑙河流域自东向西是温带大陆性气候、温带海洋性气候；亚马孙河流域是西高东低，南高北低，而多瑙河流域则是三面环山。因此，造就了亚马孙河流域和多瑙河流域截然不同的自然风光。我们即将到达的区域便是亚马孙河流域了，一定会让你们大开眼界的。"布莱克大叔高兴地说道。

飞机穿过厚厚的云层，缓缓降落，到达了广袤的亚马孙河流域上空，安妮和叮叮趴在飞机的圆窗上不停向外张望，亚马孙河到底是什么样子的呢？

"哈哈，孩子们，我们现在已经在亚马孙河的上空了，你们看到了什么？"布莱克大叔提醒着两个孩子。

"天呀，亚马孙河流域像是一块大草坪，绿油油的一大片，真是太壮观啦。"安妮兴奋地回答。

"是呀，长长的亚马孙河仿佛草丛中的一条长龙，望不到尽头。"叮叮望着穿行在丛林间弯弯曲曲的亚马孙河，瞬间有了精神。

"多瑙河和亚马孙河的风景真是不一样呀，多瑙河河岸两侧有着装潢华丽的欧式洋楼，数量众多的水翼船来往游弋，宽阔的大桥横跨在河的上方，前来游览的游客们络绎不绝；亚马孙河则像是美洲大地上的精灵，是动植物繁衍生息的天然乐园。"布莱克大叔简单地介绍了多瑙河和亚马孙河风景的不同之处。

"对了，多瑙河上总是有很多来来往往的货船，你们看，亚马孙河上的船只却很少。"细心的安妮告诉布莱克大叔。

"哈哈，聪明的安妮说得对，亚马孙河的河流运输并不像多瑙河那么发达，因为多瑙河位于经济发达的欧洲，是重要的

海路运输通道；亚马孙河并不是南美洲水路运输的主干道，不过河面上有很多印第安独木舟来往穿行，目前独木舟环游亚马孙河已经成为当地的探险项目，备受世界各地游客朋友们的喜爱。"望着亚马孙河上星星点点的独木舟，布莱克大叔说道。

"独木舟探险，真是太好啦，我们快点去体验一下吧。"听到要探险，兴奋的叮叮马上来了精神，请求着布莱克大叔带他们去探险。

"我们的亚马孙河探险之旅才刚刚开始，叮叮，你可不要太着急呀。"布莱克大叔看着着急的叮叮，笑着说道。

飞机并没有降落在亚马孙河流域，而是顺着亚马孙河的流向，继续在云朵间穿行，这是要去哪里呢？不一会儿工夫，前方出现了巍峨的雪山、湛蓝的湖泊，仿佛仙境一般，美丽得让人诧异。

　　"好美呀。布莱克大叔，这是哪里呢？"孩子们都被窗外美丽的景色震撼到了，满是疑惑地询问布莱克大叔。

　　"下面便是著名的科迪勒拉山系，也是我们亚马孙河之旅的第一站。它是地球上最长的褶皱山系，属于构造复杂的中新生代褶皱带，山系长达15000千米，纵贯南美洲和北美洲。科迪勒拉山系的地壳活动非常活

跃，有着众多经常喷发的火山，是世界著名火山地震带的组成部分。不仅如此，这里还蕴藏着煤、硫黄、金、银、石油等珍贵矿产，生活着种类繁多的动植物，因此被称为'南北美洲著名的矿产、生物宝库'。"望着白雪皑皑的科迪勒拉山系，布莱克大叔兴奋地介绍道。

"褶皱山系，什么叫褶皱山系呢？"孩子们听得满头雾水，不解地追问道。

"是这样的，我们生活的地球上有很多的大陆板块，它们经常会相互碰撞，从而产生各种各样的独特地势，褶皱

山系便是这些板块碰撞之后产生的。大陆板块的碰撞是有方向的，当地壳岩层水平碰撞挤压时，巨大的挤压力便形成了地表上的褶皱，这些便是褶皱山系。"看着叮叮和安妮依旧迷惑不解的表情，布莱克大叔拿出一张纸，双手压住纸的两端向中间挤压，果然出现了褶皱。

"懂啦，懂啦。原来褶皱山系就是这样形成的，布莱克大叔，你懂得真多。"安妮看着褶皱了的纸张，对褶皱山系的成因有了更直观的了解。

"对了，布莱克大叔，我们不是要游览亚马孙河吗，飞机怎么到这里了？"叮叮忽然想起了此行的目的。

"叮叮，科迪勒拉山系和亚马孙河可是关系密切，它们的关系如同妈妈和儿子，庞大的亚马孙河就是起源于科迪勒拉山系，山系的东坡有两条河流：一条叫马拉尼翁河，一条叫乌卡亚利河，它们在这里汇集起来，成为亚马孙河的源头，因此我们这次的探险就从亚马孙河源头开始。"布莱克大叔为叮叮解开了疑惑。

随着飞机缓缓降落，三人到达了亚马孙河探险的第一站——莱蒂西亚。

"哈哈，孩子们，莱蒂西亚到了，这里是亚马孙省的首府，开始我们的旅程吧。"

在这片神秘的美洲大地上，布莱克大叔三人将经历怎样惊险刺激的冒险呢？我们拭目以待吧。

第十二章

食人鳄

　　在莱蒂西亚的小旅馆里，布莱克大叔还在酣睡着，叮叮和安妮早已整装待发。

　　"出发啦，出发啦。"顽皮的叮叮凑到布

莱克大叔的耳边，大声叫喊道。

睡眼蒙眬的布莱克大叔不情愿地坐了起来，看着两个穿戴整齐的孩子，无奈地笑了笑，开始整理出发需要的装备，驱蚊水、地图、斧头、手电筒等日常用品，除此之外，布莱克大叔还准备了一张大大的毯子。

准备充足后，三人来到了莱蒂西亚的码头，租了一艘美观坚固的独木舟，开始了亚马孙河探险之旅。由于是第一次乘坐独木舟，叮叮和安妮左顾右盼，兴奋极了。

亚马孙河宏大而辽阔，两岸长满了茂密的树木，种类繁多的动物们在林间穿行，空中还不时传来悦耳的鸟叫声，像是鸟儿们在合唱着动听的歌曲。安妮更是将手伸到了碧蓝色的河水中，尽情感受河水的

冰凉清爽。

"安妮，不要把手伸到河水里，小心被食人鲳咬到。"正在划桨的布莱克大叔赶忙提醒安妮。

"布莱克大叔，什么是食人鲳，它生活在亚马孙河中吗？"叮叮好奇地要问清楚。

"是的，其实食人鲳并不特指一种鱼，而是一类鱼的总称，又被称为水虎鱼，一共包括30多个种类。食人鲳根据食性不同又被分为植食性和肉食性两种，肉食性的代表主要是红腹锯鲑脂鲤，这种鱼类经常成群结队地攻击猎物，甚至可以将不慎落水的人吃成白骨，因此，它也是亚马孙河流域最常见的食

人鲳。现在我们在亚马孙河流域探险，一定要注意安全，不要轻易接触水面。

"其实食人鲳的体型并不大，它们主要是成群结队地攻击猎物。你们应该见过鲤鱼吧，虽然食人鲳的体型有点类似鲤鱼，和鲤鱼有着非常密切的血缘关系，但却比鲤鱼多了一个小小的脂肪鳍，因此食人鲳也被很多鱼类专家们称为'脂鲤'。"听到食人鲳的体型竟然和鲳鱼、鲤鱼差不多，孩子们还是有些惊讶。

就这样，三人乘坐独木舟驶过波光粼粼的亚马孙河，来到了一个小小的码头，这里是印第安部落的对

外贸易中心，隐约可以看到远处若隐若现的印第安部落，亚马孙河的支流中也陆续出现了很多打鱼的渔船，勤劳的当地人站在船头，奋力向河中央撒着渔网；调皮的印第安小孩拿着自制的鱼竿，兴高采烈地在河边钓鱼，宁静的村落呈现一派和谐温馨的景象。

"快看，是印第安人。他们在这里生活一定很惬意。"望着绝美的风景、宁静的村落，安妮不禁感慨道。

"是的。这里远离城市的喧闹，当地的印第安人过着自给自足的安静生活，主要以打鱼和种地为生……"布莱克大叔说。

河岸上出现了很多印第安当地居民，向三人做着友好的手势，像是在招呼他们上岸。

"他们要做什么？"安妮看着穿着印第安传统服饰的当地人，心里不禁有些胆怯。

"安妮，不用怕。他们应该没有什么恶意。"布莱克大叔根据他们的指示操纵独木舟，缓缓向河岸靠近。

在当地人的帮助下，布莱克大叔驾驶的独木舟顺利地靠了岸，印第安人想要做什么呢？我们跟随着布莱克大叔三人前去看看吧。

独木舟

独木舟是船舶的雏形，是用一根独木制造成的船。在远古时候，人们发现树叶、树干等在水里会浮起来，而且随着时间的推移，大家渐渐地发现树叶、树干上可以放少量的东西，树干越粗大，所承载的重量也越大。于是，人们用工具把圆形的树干削平，这样放在水里就会稳定一些。再后来人们发现挖空树干中间部分稳定性更好，独木舟就这样造成了。现在有些地方还有独木舟，但无论是在用料上还是在造型上都有了改善，更实用更随意，一般用于小范围的水上交通，有的为打鱼的渔民所专用。

第十三章

降魔小勇士

　　原来，当地的居民们非常热情，想邀请三人到印第安部落里做客，还为他们准

备了丰盛的食物和精彩的表演。

"我们印第安人是世界上最好客的，今天正好是我们印第安人的'降魔节'，来我们部落参加盛大的节日盛典吧。"印第安人邀请道。人群前面站着一位穿着"古怪"的酋长，只见他头上戴着鹰羽冠，衣服上的色彩、款式洋溢着浓郁的印第安风情，上面满是手工编织的精美图案，酋长的衣服仿佛一件做工精良的艺术品。

"真的吗？太好啦，布莱克大叔，我们去看看吧。"还没等布莱克大叔说话，心急的叮叮便兴奋地插嘴道。

"布莱克大叔，什么是降魔节，是不是捉魔鬼的节日？"好学的安妮疑惑地问布莱克大

叔，叮叮赶忙凑了上来。

　　"降魔节是印第安人每年举办的节日，受到众多印第安矿工的特别重视。在印第安人的信仰中，寻找矿源、挖掘矿井会触犯到地下的魔王，从而会给矿工们带来各种各样的灾难，为了能够躲避这些灾难，当地的印第安矿工会花费重金购买各种道具和服饰，化装成各种各样的人物以对抗凶悍的'魔王'，这种习俗便逐渐发展成了今天的节日。"布莱克大叔耐心地为孩子们讲解了降魔节的由来，活跃的叮叮马上来了兴趣，嚷着

一定要化装成勇敢的猎人，消灭作恶多端的"大魔王"。

就这样，三人跟着印第安居民们进入部落。首先映入眼帘的便是一排排整齐的小屋，小屋下面是由一根根竖立的粗壮树干组成的，屋顶上面覆盖着大大的棕榈树叶，看上去漂亮极了，和周围美丽的原生态美景融合在一起，仿佛一幅生动的油画。在挺拔的棕榈树下，成群身着传统服饰的妇女正在忙碌地编织着布匹；头戴羽毛、满脸文饰的男人们来来往往，背着成筐成筐新鲜的河鱼归来，部落的每个人都各司其职，过着安静祥和的生活。

"布莱克大叔，这里的人是不是很穷呀，怎么像是一群野人？"叮叮看没有一点现代气息的村落，大大咧咧地说道。

"呵呵，叮叮，这和贫富无关，印第安人并不是野人，他们有着悠久的历史文化。早在两万多年前，印第安人便出现在地球上，经过长时间的探索与创造，印第安人成功培育出了可可、西红柿、马铃薯、玉米等作物，其中的玛雅人更是有着极高的天文学成就，印第安文化也成为地球上非常珍贵的古文明遗产。你们看这个小木屋，说明印第安人有着较为完善的建筑理念。山区的族人们会用石块和土坯建筑房子，游猎的族人们则会选择易于搬运的兽皮帐篷，务农的族人们会使用庄稼秸秆建筑房子，他们纷纷取材于自然，体现了强烈的'天人合一'思想。"布莱克大叔抚摸着叮叮的小脑袋，语重心长地告诫道。

就这样，三人围着印第安部落转了多圈，不仅陶醉于这里原生态的生活方式，更感受到了印第安文化的传统与神奇。不知不觉间，夜幕笼罩着整个印第安部落，三人被热情的印第安酋长请到了木屋休息，吃过丰盛的晚餐，孩子们期待已久的降魔节狂欢便开始了。

原本安安静静的印第安部落开始沸腾起来，数不胜数的火把照亮了整个部落，穿着不同服装的印第安人兴高采烈地跳着

热情的舞蹈，从四面八方聚集到村落的中央；兴奋的乐手们鼓足了劲，演奏着种类繁多的民族音乐，跳舞者完全陷入在音乐的世界中。

印第安居民们装扮成哪些角色呢？有的化装成无所不能的巫师，穿着大大的袍子，挥舞着长长的法杖；有的化装成猎人，背着弓箭，时刻准备着猎杀"大魔王"；还有的装扮成威风凛凛的酋长，头上戴着羽冠，仿

佛要指挥千军万马与魔鬼作战。

　　"布莱克大叔，看看我的装扮如何？"看到叮叮的样子，布莱克大叔吓了一跳，原来叮叮早就被酋长装扮成了勇敢的猎人，脸上画满了各种文饰，头上戴着五彩的羽冠，身上挂满了各式各样的骨头挂件，背上还有一张弯弯的弓，活脱脱一个印第安小勇士。

　　"哈哈，叮叮真像个小勇士。快去和'大恶魔'战斗吧。"看着叮叮的装束，安妮笑得前仰后合，积极地鼓励着他。

此时降魔节的主角——"大魔王"隆重登场了，凶猛的"大魔王"脸上画着满满的黑文饰，脖子上挂着一串狼牙，穿着一件厚厚的兽皮袍，跟随音乐的节奏疯狂挥舞着手中的木剑，仿佛拥有无穷无尽的力量。

看到"大魔王"出场了，不同装扮的演员纷纷上前，摆出各种威武独特的姿势，做出各种战斗的动作，仿佛在和"大魔王"进行着无比激烈的战斗，勇敢的"小猎人"叮叮学着印第安居民的样子，奋力地舞动着身躯，跳着振奋人心的降魔舞蹈。

看着叮叮的表演，布莱克大叔笑得合不拢嘴。咦，可爱的安妮哪里去了？布莱克大叔开始四处寻找安妮，原来安妮正在仔细地观看乐手们的乐器，看着五花八门的乐器，安妮心想，难道这些振奋人心的乐曲都是这些不起眼的乐器演奏出来的？

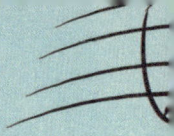

第十四章

我是小小音乐家

激烈的乐曲中，最振奋人心的便是"隆隆"的鼓声，伴随着强有力的打击，舞者们的动作更加富有节奏感。

"布莱克大叔，他们敲打的圆滚滚的乐器是什么呢？像个大大的皮球，挂在腰间。"望着乐师们腰间的乐器，安妮充满了兴趣。

"安妮，他们敲击的是自制的兽皮鼓，这是他们主要的演奏乐器，鼓身是用美洲珍贵的树木雕刻而成，再裹以老山羊皮或者老

牛皮，让声音能够长久地保存下来。你看，这面两侧都裹着野牛皮的便是双面鼓，名字叫作蒂尼亚鼓；这面只有一侧裹着老羊皮的便是单面鼓，名字叫作万卡尔鼓。它们的声音已经成为印第安人生活中必不可少的一部分，印第安人通过打击乐器演奏出震人心魄的音乐，得

到了全世界人民的赞赏。"指着乐师们身上背着的打击鼓，布莱克大叔为安妮讲解兽皮鼓的发展历程以及鉴别方法。

看着乐师们如痴如醉地敲打着鼓，安妮心里痒痒的，也想要拍打出美妙的音乐。热情的印第安人马上给了安妮一面漂亮的单面鼓，薄薄的鼓膜上还画着一只凶猛的野兽。背着单面鼓的安妮兴奋极了，用力地拍打着鼓面，但发出的只是轻微的"砰砰"声，并不是响亮的"咚咚"声，安妮倍感失落。

"安妮，不要灰心，因为你的力气太小了，所以只能敲击出轻微的响声，你看看这是什么乐器？"布莱克大叔说着拿出一件印第安乐器，摆到安妮面前。这件乐器采用圆鼓鼓的竹子

制作，有着一排排的竹洞口，像是一把
大大的梳子。

　　"咦，像是一把大大的梳子。真好玩。"安
妮接过"大梳子"，爱不释手，问道，"布莱克大叔，这也是
乐器吗？"

　　看着安妮疑惑的眼神，技艺精湛的印第安乐师将
"大梳子"放在嘴边，向圆圆的竹洞里缓缓地吹着气，
竟然发出了高低不同的声音。乐师的手指则按着其他的竹洞，
随着手指的快速移动，"大梳子"竟然演奏出了美妙的音

乐。悠扬的乐曲音色纯正而且轻柔细腻，更有着非常悦耳的飘逸感，听上去让人心旷神怡。

"安妮，一起去跳舞吧。咦，这是什么？"小猎人装扮的叮叮悄悄来到安妮身边，满脸疑惑地望着奇怪的乐器。

"这种乐器的名字叫作'排箫'，是采用粘接、捆绑等方式制作而成的整体乐器。吹奏原理是，口中的气流缓缓撞击乐器内壁，产生悠扬的乐声，随着气流强度、流动频率的变化，排箫会发出不同的乐音。其实世界上最早的排箫出现在神秘的东方国度——中国，迄今发现的世界上最早的排箫，是中国西周时期的骨排箫，人们采用动物的骨头制作成能够演奏乐曲的

排箫，这支排箫采用13根长短递减的禽类腿骨制作而成，目前收藏在河南省博物馆里。"看着满脸好奇的两个孩子，布莱克大叔全面地讲述排箫的由来与历史。

等布莱克大叔说完，心急的安妮拿起排箫放在嘴边，鼓足了力气吹着，想要学着乐师的样子演奏出悦耳的音乐，但排箫却怎么也没有声音。原来，想吹响排箫并不是简单的事情，不是用力吹就可以吹响的，印第安乐师指导着安妮需要注意的细节。

"布莱克大叔，用竹子就能制成这么神奇的乐器，和钢琴等乐器相比，这种乐器真是大自然的礼物呀。"望着由排排竹管制作而成的排箫，

叮叮对印第安人产生了发自内心的敬意。

"大自然确实给了我们太多的惊喜，但这种乐器的发明也不是一蹴而就的，关于排箫的发明还有一个有趣的小故事呢。"

听见布莱克大叔要讲故事，不只叮叮很感兴趣，当地的孩子们也围了过来，将布莱克大叔簇拥到旺旺的篝火旁边。安妮在哪儿呢？她正在专心向乐师们学习排箫的吹奏方法，看她专心致志的样子，真像一个小小的排箫演奏家。

"很久很久以前，地球上的人们还过着刀耕火种的生活。刀耕火种是一种传统的耕作方式，很多部落依旧沿袭着这种耕

作方式。刀耕是指种植作物的工具主要是一些木具、石刀等，采用这些工具能让土壤松动，让作物更加顺利的生长起来；火种是指将地上的草焚烧，利用草木灰提供庄稼生长的肥料，然后在地上挖坑播入种子，因此，刀耕火种是一种较为落后的耕作方式。

"那时的人们经常要去竹林砍伐竹子。有一天，他们在竹林中听到了悠扬的乐曲，古人们非常震惊，是谁在演奏呢？原来竹林中有一根断为半截的竹子，在微风中缓缓摇曳，发出美

妙绝伦的音乐。聪明的古人将这根竹子砍了下来，用手堵住了竹子下面的洞口，模仿微风将气流吹到竹洞中，果然能够发出美妙的声音。后来，他们还将不同长度、不同粗细的竹管绑在一起，最终形成了现在看到的乐器，这便是排箫的由来了。"听了布莱克大叔讲的故事，印第安孩子们兴奋极了，都为人类的祖先感到自豪。

就这样，三人在印第安部落中度过了开心的夜晚。安妮也勉强学会了吹响排箫，真是个意外的收获，她躺在印第安人的木屋中缓缓进入了梦乡。

第 十 五 章

神仙鱼和银龙鱼

在印第安部落度过了两天美好的时光。第三天，布莱克大叔带着孩子们又出发了，毕竟还要继续完成亚马孙河流域的探险。为了表达对他们三人的美好祝福，印第安酋长送了两件礼物给叮叮和安妮。叮叮得到了一把造型精美的木刀，挂在腰间仿佛印第安小勇士；安妮则得到了一条做工精

111

美的印第安特色长裙，穿上后如同丛林里的小公主。

在印第安居民的目送中，孩子们跟随布莱克大叔登上了独木舟，恋恋不舍地离开了美丽的印第安部落。沿着亚马孙河溯流而上继续前行。河流两侧出现了生长茂密的杂草，秀美的灌木卫兵般守护着河道，前面便是生机盎然的热带雨林区域。

"我们已经到达了亚马孙河的主流——黑河，这里是美丽的亚马孙河观赏鱼的重要产地，来看看我们今天的运气如何。"说着，布莱克大叔从背包里拿出一个大大的网袋，将网袋缓缓地浸泡在河流中，等待着观赏鱼自投罗网。

细心的安妮仔细观察着黑河，河水竟然是咖啡色的，而且较别的流域更加清澈，也没有什么漂浮

物，真是太奇怪了。

"布莱克大叔，为什么这里的河水是咖啡色的呢，观赏鱼很喜欢喝咖啡吗？"爱思考的安妮提出了新的疑问。

"哈哈，当然不是了，由于黑河附近有着大量的森林，树木上掉下来的枯枝败叶都被冲到了黑河中，逐渐改变了黑河中的矿物质比例，因此河水变成了咖啡色，这也是'黑河'名字的由来。这种独特的水质非常适合观赏鱼类的生长，因此这里每年向世界各地出口200万尾的观赏鱼，成为了重要的观赏鱼出口流域。"说起大名鼎鼎的亚马孙黑

河，布莱克大叔兴高采烈地赞叹着。

顽皮的叮叮对黑河的颜色并不感兴趣，他一直盯着独木舟下面的网袋，希望能够捕捉几条漂亮的观赏鱼。

"等待的时间差不多了，叮叮，你将网袋拉上来看看吧。"布莱克大叔指挥道，叮叮显然非常乐意执行这个任务，用力地将水中的网袋拖了上来。

"鱼，好漂亮的鱼。"安妮惊呼道，随着网袋被拉上独木舟，孩子们看到了网袋中漂亮的观赏鱼，一条银光闪闪的长条鱼，正疯狂地左摇右摆；除此之外，还有一条圆乎乎的橙黄色鱼儿，鱼身体的两侧布满了星星点点的红色斑点，像是穿着一条漂亮

的花裙子。

"哇，这条'穿着裙子'的鱼儿真好看呀，五颜六色的，圆圆的像个大披萨。"安妮望着圆乎乎的彩鱼，惊讶得张大了嘴巴。

"是吗？我觉得这条长条鱼才神气呢，看它又长又弯的胡须，左摇右晃的尾巴，还有一身银白色的鳞片，像个身穿铠甲气势汹汹的勇士。"相比圆乎乎的彩鱼，叮叮更喜欢长条鱼。

"哈哈，孩子们不要争了。我先带你们认识下这些鱼类吧，圆乎乎的彩鱼由于身体是五颜六色的，因此被称为'七彩神仙鱼'，这种鱼外形是圆饼状的，扁平的身体后边有短短的尾巴，大多是蓝色、绿色或者橙色，身上等距离的横条纹能够在光线的作用下产生变幻的效果，忽明忽暗，甚是好看。"安妮听后很喜欢"七彩神仙鱼"这个名字。

　　"布莱克大叔，你还没说神气的长条鱼叫什么名字呢。"一旁的叮叮早就急不可待了。

　　"这条长条鱼可是大名鼎鼎的银龙鱼。你看看，它的体格多么健壮，食量非常大，性情也很凶猛，经常捕食比自己小的鱼类。亚马孙河是银龙鱼的主要栖息地，这里水草丛生、鱼类众多，因此银龙鱼能够轻松地捕

捉到其他小鱼作为食物，同时也因为亚马孙河底复杂的生态结构，它们在这里能够很好地躲避鳄鱼、水鸟等天敌的追击。"

三个人欣赏了一会儿打捞起来的观赏鱼，布莱克大叔指挥着叮叮把网袋放到水中，将美丽的观赏鱼放回大自然。

"啊？放了它们多可惜呀，我们带着它们去旅行吧。"听说要放了银龙鱼，叮叮满心的舍不得。

"叮叮，大自然是这些野生观赏鱼的家，如果我们真的喜欢它，就应该让它在自己的家里幸福地生活。"布莱克大叔和叮叮讲起了道理。

“虽然有点不舍得，但布莱克大叔说得对，它们的爸爸妈妈还等着它们回家呢。再见啦，美丽的银龙鱼。”安妮虽然也有些舍不得，但还是劝着叮叮。

　　听到布莱克大叔和安妮都这么说，叮叮缓缓地将网袋放回到河水中，两条漂亮的鱼儿重新回到了亚马孙河中，望着它们欢快的背影，三人不约而同地笑了。

　　此时，一行三人的河流之旅也将告一段落，他们的下一站会是哪里呢？他们又将经历怎样的神奇历险呢？让我们共同期待吧。